Schatzsuche – Unser Konzept

Mit dieser Schatzsuche können Sie ein spannendes und herausforderndes Erlebnis für Kinder schaffen und brauchen dazu nur wenig Vorbereitung. Die Geschichte und die einzelnen Rätsel der Schatzsuche finden Sie auf den folgenden Seiten. Sie brauchen lediglich einen "Schatz", zum Beispiel Süßigkeiten, und die ausgeschnittenen Seiten der Schatzsuche. Um das Erlebnis noch zu steigern, können sich die Kinder entsprechend des Mottos verkleiden.
Die einzelnen Rätsel sind kindgerecht gestaltet und erlauben den Kindern ein belohnendes Erfolgserlebnis. Wenn Sie merken, dass die Kinder nicht weiterkommen, können Sie Ihnen nach eigenem Ermessen Hinweise geben. Eine Lösungsübersicht finden Sie auf den letzten Seiten. Vordrucke für Einladungen, Urkunden und die Schatzkarte sind ebenfalls enthalten.

Viel Spaß!
Ihr Schnitzeljagd-Team

W0380075

Vielen Dank für den Kauf dieser Schnitzeljagd…

…und wenn es Ihnen und den Kindern gefallen hat, freuen wir uns über eine Bewertung auf Amazon.

Sollte etwas einmal nicht zu Ihrer vollen Zufriedenheit sein, senden Sie uns sehr gerne ein Feedback an:

kontakt@schnitzeljagd.shop

Besuche Sie uns für weitere Ideen und Schatzsuchen auf www.schnitzeljagd.shop

Spielschritte im Überblick

1.	Schneiden Sie die Schatzkarte (Seite 5) und alle Rätsel (Seite 7-20) aus und verstecken Sie diese an verschiedenen Stellen - Einige Beispiele finden Sie hier (Seite 40). Tragen Sie die Verstecke in die Prüfliste (Seite 39) ein.
2.	Schneiden Sie auch für jedes teilnehmende Kind -max. 8 Kinder- eine Urkunde (Seite 23-30) aus und tragen Sie die Namen der Kinder ein. Zusätzlich können Sie noch Einladungskarten (Seite 31-38) für die Schatzsuche verteilen.
3.	Lesen Sie die Einführungsgeschichte (Seite 4) vor und geben Sie den Kindern Hinweise zum Versteck der Schatzkarte. Sobald die Schatzkarte gefunden wurde, beginnt die Schatzsuche. Hinweise zum Versteck des 1. Rätsels können Sie auf der Rückseite der Schatzkarte eintragen.
4.	Haben die Kinder das Rätsel gelöst, lassen Sie sie das Ergebnis in die Schatzkarte eintragen. Hinweise zum nächsten Rätsel können auf die Rückseite der einzelnen Rätsel eintragen werden. Wiederholen Sie dies so oft, bis die Kinder alle Rätsel gefunden und gelöst haben. Lösungen (Seite 41).
5.	Zwischen den einzelnen Rätseln können Sie bei Bedarf Teamspiele (Seite 3) einfügen. Eine Auswahl an Teamspielen haben wir für Sie bereitgestellt. Bereiten Sie diese am besten vor.
6.	Hinweise zum Versteck der Schatztruhe können Sie auf die Rückseite des letzten Rätsels eintragen. Vergleichen Sie gemeinsam die Ergebnisse auf der Schatzkarte mit den Lösungen auf der Schatztruhe (Seite 21). Haben die Kinder mindestens 5 Rätsel gelöst, öffnet sich die Truhe und Sie können den Schatz und die Urkunden verteilen.
7.	Haben die Kinder zu wenige richtige Ergebnisse, lassen Sie sie die jeweiligen Rätsel wiederholen und geben Sie ihnen mehr Hinweise, so dass die Kinder den Erfolg bekommen.

Zusätzliche Teamspiele

Zwischen den Rätseln können Sie bei Bedarf Teamspiele einschieben. So lockern Sie die Atmosphäre auf, bis das nächste Rätsel wieder die Konzentration fordert. Entscheiden Sie selber, zwischen welchen Rätseln Sie ein Teamspiel einplanen.

Die Flucht	Ihr wurdet auf eurer Schatzsuche entdeckt. Nun ist Vorsicht geboten! Ihr müsst euch sofort auf den Boden legen und zum angegebenen Ziel kriechen. Niemand darf aufstehen. Wenn alle das Ziel erreicht haben, seid ihr wieder sicher und die Schatzsuche kann weitergehen.
Wurfball	Alle Kinder stellen sich im Kreis auf und ein Kind stellt sich in die Mitte. Die Kinder werfen sich einen Ball zu und das Kind in der Mitte muss ihn fangen. So werden Treffsicherheit und Passgenauigkeit trainiert. Fängt das Kind in der Mitte den Ball, scheidet der letzte Werfer aus.
Stopptanz	Alle Kinder bewegen sich zu einem Lied. Sie halten die Musik zufällig an und alle Kinder müssen augenblicklich wie versteinert stehen bleiben. Wer sich noch bewegt, scheidet aus.
Stuhlkreis	Stellen Sie Stühle in einem Kreis auf – ein Stuhl weniger als Kinder mitspielen. Während Musik spielt, gehen die Kinder um die Stühle herum. Wenn Sie die Musik zufällig stoppen, müssen sich alle Kinder sofort auf einen Stuhl setzen. Wer keinen Stuhl erwischt, scheidet aus. Nehmen Sie dann einen Stuhl pro Runde weg.
Knoten-spiel	Die Kinder stellen sich im Kreis auf und halten sich an den Händen. Eines der Kinder ist die Knotenmutter / Knotenvater und macht beim Verknoten nicht mit. Die anderen Kindern verknoten sich, indem sie über Arme und Beine steigen. Die Knotenmutter / Knotenvater muss dann den Knoten auflösen.
Elemente	Denken Sie sich für die Elemente Feuer, Wasser, Erde und Luft jeweils eine Position aus, z.B. Feuer = Hinlegen, Wasser = Setzen, usw. Die Kinder bewegen sich durch den Raum und wenn Sie ein Element sagen, müssen alle die richtige Position einnehmen. Wer die falsche Position einnimmt, scheidet aus.

Die Geschichte

Die Dinosaurier faszinieren uns noch heute, obwohl sie schon vor langer Zeit ausgestorben sind. Ihr wusstet bestimmt schon, dass Menschen und Dinosaurier nie zusammen auf der Erde gelebt haben, denn die ersten Urzeit-Menschen gab es erst lange nach den Dinos.

Heute wissen wir viel über die Dinos, weil Forscher ihre Knochen ausgegraben haben. Es gab ganz kleine Dinos und natürlich riesengroße – hoch wie ein Haus.

Doch die Dinos haben uns mehr hinterlassen als ihre Knochen. Ein Erbe, das wir heute jeden Tag beobachten können. Löst die Rätsel in dieser Schnitzeljagd und ihr werdet es herausfinden und dabei vielleicht sogar einen versteckten Urzeit-Schatz finden.

Viel Erfolg!

Schatzkarte ausschneiden.

Schatzkarte

Du musst 7 Rätsel lösen, um das Versteck und die geheime Kombination für die Schatztruhe zu finden. Schreibe nach jedem Rätsel das Lösungssymbol hinein. Viel Erfolg!

Hinweise zum Versteck von Rätsel 1 eintragen

ausschneiden

Rätsel 1

WO IST DAS NEST?

Wusstet ihr, dass Dinosaurier Eier gelegt haben? Die Dino-Mutter Lilly findet den Weg zu ihrem Nest nicht mehr und braucht eure Hilfe. Auf dem direkten Weg kommt ihr an nur einer richtigen Spur entlang. Malt diese Pfote in der richtigen Farbe in eure Schatzkarte.

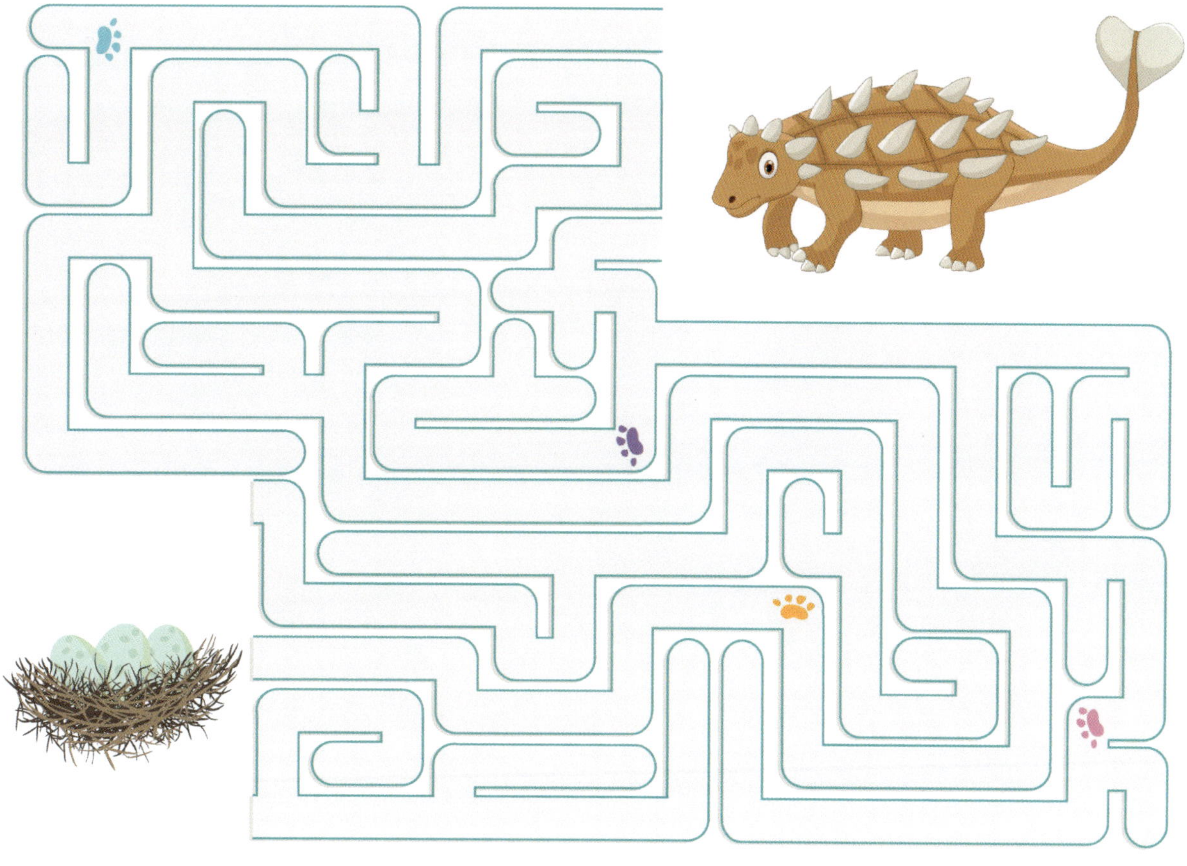

Hinweise zum Versteck von Rätsel 2 eintragen

ausschneiden

Rätsel 2

DER WILDE DSCHUNGEL

Früher war die Welt an vielen Stellen mit ganz dichtem Wald und Dschungel bedeckt. Da ist es schwer, den Überblick zu behalten. Welche dieser Pflanzen ist häufiger abgebildet, als die anderen? Male sie in deine Schatzkarte.

Hinweise zum Versteck von Rätsel 3 eintragen

ausschneiden

Rätsel 3

DAS SCHATTENSPIEL

Was ist hier passiert? Diesen urzeitlichen Dingen fehlt der passende Schatten. Ordne die Schatten richtig zu. Schreibe den Buchstaben des Schattens für das Dinosaurier-Ei in deine Schatzkarte.

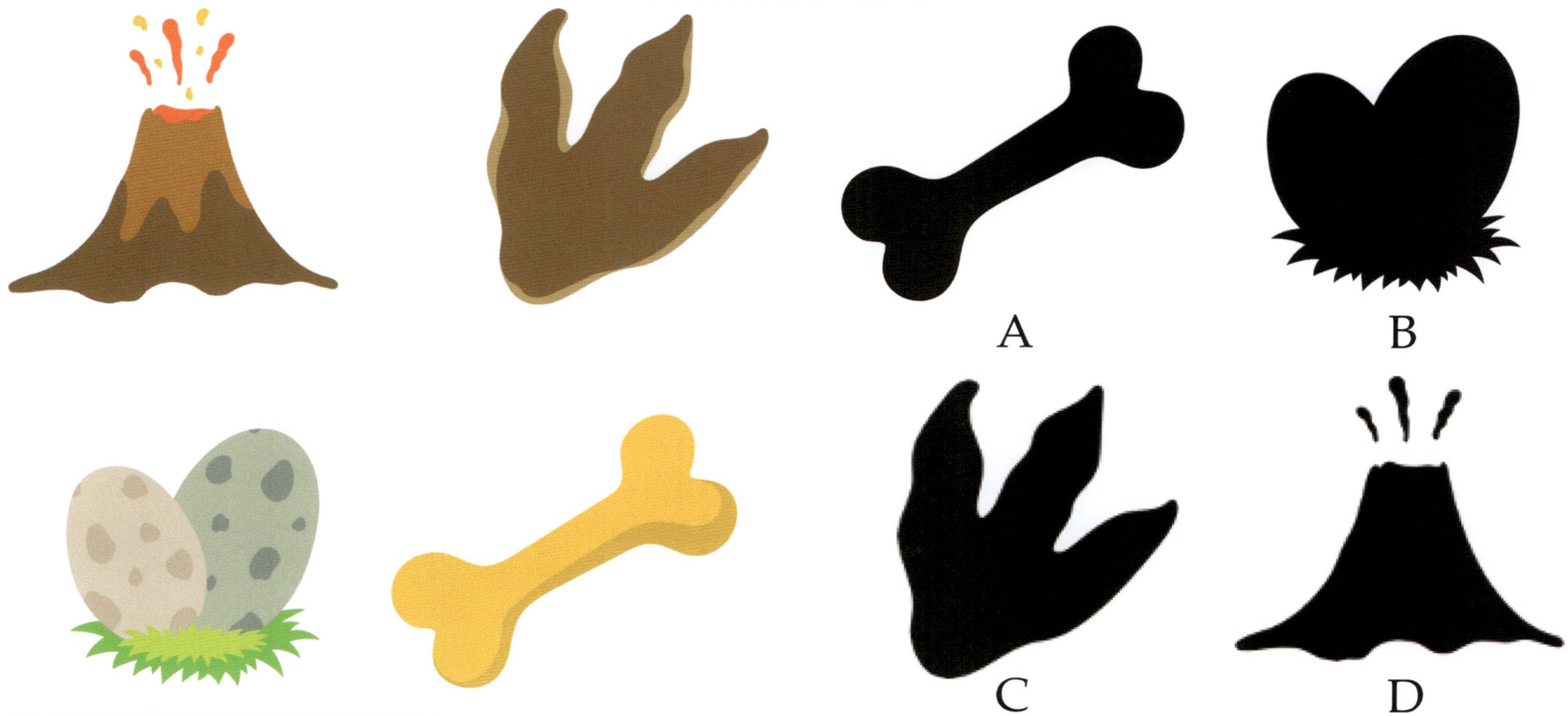

Hinweise zum Versteck von Rätsel 4 eintragen

Rätsel 4

FOSSILIEN

Heute können wir von den Dinosauriern nur noch ihre versteinerten Knochen bewundern. Man nennt sie Fossilien.

Wenn man Fossilien findet, werden sie von Forschern ganz vorsichtig ausgegraben und die Knochen gezählt und markiert, damit man sie hinterher wieder zusammensetzen kann.

Wie viele Knochen hat der Schwanz dieses Dinos?

ausschneiden

Hinweise zum Versteck von Rätsel 5 eintragen

ausschneiden

Rätsel 5

AUF DER GANZEN ERDE

Die Dinos bewohnten zu ihrer Zeit die gesamte Erde. Löse dieses Rätsel über ihren Lebensraum.

Hinweise zum Versteck von Rätsel 6 eintragen

Rätsel 6

ausschneiden

DAS DINO-SUDOKU

Die Dinos haben euch soviel geholfen, dass sie ganz durcheinander gekommen sind. Schaut euch das Sudoku an und ergänzt die fehlenden Dinos. Dabei darf jeder Dino in einer Zeile, in einer Spalte und in jedem dick umrandeten Viererblock nur einmal vorkommen. Tragt den Dino im rot markierten Feld in eure Karte ein.

Hinweise zum Versteck von Rätsel 7 eintragen

ausschneiden

Rätsel 7

VÖGEL, NACHFAHREN DER DINOS

Ihr habt den Schatz fast gefunden. Doch was ist nun das Erbe der Dinos? Heute wissen wir, dass viele Dinos tatsächlich Federn hatten, wie dieser Dino hier mit flügelähnlichen Armen! Und auch manche ihrer Knochen haben Ähnlichkeiten mit heutigen Vögeln. Wenn ihr draußen also Vögel beobachtet, so seht ihr die heutigen Nachfahren der Dinosaurier.

Zählt bei diesen Dino-Zwillingen die Unterschiede!

Hinweise zum Versteck der Schatztruhe eintragen

Aufkleber für Schatztruhe

Schneiden Sie den Schatztruhenaufkleber aus und kleben Sie diesen auf die Schatztruhe. Um die Spannung zu erhöhen, sind die Symbole mit Türchen verdeckt und müssen durch die Kinder einzeln geöffnet werden.

Schlösser zum Aufklappen

KLEBE STELLE

Einzeln ausschneiden und die Lösungen damit jeweils auf der Schatztruhe abdecken

Jedes Kind erhält nach der erfolgreichen Schnitzeljagd eine Urkunde!

Jedes Kind erhält nach der erfolgreichen Schnitzeljagd eine Urkunde!

Jedes Kind erhält nach der erfolgreichen Schnitzeljagd eine Urkunde!

Jedes Kind erhält nach der erfolgreichen Schnitzeljagd eine Urkunde!

Entscheide: Entweder als einfache Karte oder geknickt als elegante Einladung.

einfach oder geknickt

ein Abenteuer wartet!

Liebe(r) ....

Ich benötige deine Hilfe bei einer Schatzsuche. Wir müssen einige kniffelige Rätsel lösen.

Wo: ....

....

Wann: .... **Uhrzeit:** ....

Bitte gib mir bis zum .... Bescheid, ob du bei der Schatzsuche dabei sein kannst. Ich freue mich auf dich!

Kontakt: ....

Dein(e) ....

ein Abenteuer wartet!

Liebe(r) ....

Ich benötige deine Hilfe bei einer Schatzsuche. Wir müssen einige kniffelige Rätsel lösen.

Wo: ....

....

Wann: .... **Uhrzeit:** ....

Bitte gib mir bis zum .... Bescheid, ob du bei der Schatzsuche dabei sein kannst. Ich freue mich auf dich!

Kontakt: ....

Dein(e) ....

Entscheide: Entweder als einfache Karte oder geknickt als elegante Einladung.

einfach **oder** geknickt

ein Abenteuer wartet!

Liebe(r) ....

Ich benötige deine Hilfe bei einer Schatzsuche. Wir müssen einige kniffelige Rätsel lösen.

Wo: ....

....

Wann: .... **Uhrzeit:** ....

Bitte gib mir bis zum .... Bescheid, ob du bei der Schatzsuche dabei sein kannst. Ich freue mich auf dich!

Kontakt: ....

Dein(e) ....

ein Abenteuer wartet!

Liebe(r) ....

Ich benötige deine Hilfe bei einer Schatzsuche. Wir müssen einige kniffelige Rätsel lösen.

Wo: ....

....

Wann: .... **Uhrzeit:** ....

Bitte gib mir bis zum .... Bescheid, ob du bei der Schatzsuche dabei sein kannst. Ich freue mich auf dich!

Kontakt: ....

Dein(e) ....

Entscheide: Entweder als einfache Karte oder geknickt als elegante Einladung.

einfach oder geknickt

ein Abenteuer wartet!

Liebe(r) ....

Ich benötige deine Hilfe bei einer Schatzsuche. Wir müssen einige kniffelige Rätsel lösen.

Wo: ....

....

Wann: .... **Uhrzeit:** ....

Bitte gib mir bis zum .... Bescheid, ob du bei der Schatzsuche dabei sein kannst. Ich freue mich auf dich!

Kontakt: ....

Dein(e) ....

EINLADUNG
ZUR SCHATZSUCHE

ein Abenteuer wartet!

Liebe(r) ....

Ich benötige deine Hilfe bei einer Schatzsuche. Wir müssen einige kniffelige Rätsel lösen.

Wo: ....

....

Wann: .... **Uhrzeit:** ....

Bitte gib mir bis zum .... Bescheid, ob du bei der Schatzsuche dabei sein kannst. Ich freue mich auf dich!

Kontakt: ....

Dein(e) ....

EINLADUNG
ZUR SCHATZSUCHE

Entscheide: Entweder als einfache Karte oder geknickt als elegante Einladung.

einfach **oder** geknickt

ein Abenteuer wartet!

Liebe(r) ....

Ich benötige deine Hilfe bei einer Schatzsuche. Wir müssen einige kniffelige Rätsel lösen.

Wo: ....

....

Wann: .... **Uhrzeit:** ....

Bitte gib mir bis zum .... Bescheid, ob du bei der Schatzsuche dabei sein kannst. Ich freue mich auf dich!

Kontakt: ....

Dein(e) ....

ein Abenteuer wartet!

Liebe(r) ....

Ich benötige deine Hilfe bei einer Schatzsuche. Wir müssen einige kniffelige Rätsel lösen.

Wo: ....

....

Wann: .... **Uhrzeit:** ....

Bitte gib mir bis zum .... Bescheid, ob du bei der Schatzsuche dabei sein kannst. Ich freue mich auf dich!

Kontakt: ....

Dein(e) ....

Übersicht - Prüfliste

Prüfliste: RÄTSEL

Schritt	Rätsel	Versteck	Lösung	Hinweise
0	Die Schatzkarte		-	
1	Rätsel 1			
2	Rätsel 2			
3	Rätsel 3		B	
4	Rätsel 4		13	
5	Rätsel 5		MEER	
6	Rätsel 6			
7	Rätsel 7		5	
8	Die Schatztruhe		-	

Prüfliste: TEAMSPIEL

Schritt	Teamspiel	Zeitpunkt	Hinweise
1	Die Flucht		
2	Wurfball		
3	Stopptanz		
4	Stuhlkreis		
5	Knotenspiel		
6	Elemente		

Mögliche Verstecke und Hinweise

Gute Verstecke, ob drinnen oder draußen, sind wichtig, damit die Kinder nicht nur Rätsel lösen, sondern auch in Bewegung kommen und das richtige Gefühl einer Schatzsuche erhalten. Helfen Sie den Kindern bei Bedarf, indem Sie weitere Hinweise geben.

Einige Beispiele für Verstecke und Hinweise für die Kinder:

Versteck	Hinweise
Kühlschrank	Es ist kalt hier, aber man findet auch leckere Sachen.
Ofen	Es ist heiß hier und es entstehen wahre Leckereien.
Fußabtreter	Du trittst darauf, wenn du nach Hause kommst.
Garderobe	Hier legt man seinen Expeditionshut ab.
Schuhschrank	Findet man hier seine Stiefel?
Badezimmer	Hier wird jeden Abend für weiße Zähne gesorgt.
Teppich	Ich bin weich und liege auf dem Boden.
Unter der Tischdecke	Hier gibt's abends den Proviant.
Unter der Matratze	Hier halten die Entdecker ihr Nickerchen.
In der Spielzeugkiste	Hier werfen die Entdecker beim Aufräumen alles hinein.
Garten	Hier ist es grün wie auf einer schönen Insel.
Garage	Hier parkt man sein Expeditionsauto.
Heizungskörper	Im Winter bin ich wichtig und sorge für Wärme.
Treppenhaus	Hier geht's hoch und runter im Haus.

Lösungsübersicht

RÄTSEL 1: Auf dem richtigen Weg kommt man an der gelben Pfote entlang.

RÄTSEL 2: Diese Pflanze  ist 4x abgebildet und damit am häufigsten.

RÄTSEL 3: Der Schatten für die Dino-Eier ist der Buchstabe B.

RÄTSEL 4: Der Schwanz des Dinos besteht aus insgesamt 13 Knochen.

RÄTSEL 5: Die Lösung ist das „Meer“.

RÄTSEL 6: So sieht die Lösung des Sudokus aus.

RÄTSEL 7: Es gibt 5 Unterschiede wie hier abgebildet:

Printed in Germany
by Amazon Distribution
GmbH, Leipzig

26037241R00025